Sven-David Müller

Ernährung für Sportler und Bodybuilder

GRIN Verlag

Bibliografische Information der Deutschen Nationalbibliothek:

Die Deutsche Bibliothek verzeichnet diese Publikation in der Deutschen National-
bibliografie; detaillierte bibliografische Daten sind im Internet über http://dnb.d-
nb.de/ abrufbar.

Impressum:

Copyright © 2012 GRIN Verlag GmbH
Druck und Bindung: Books on Demand GmbH, Norderstedt Germany
ISBN: 978-3-656-26800-0

Dieses Buch bei GRIN:

http://www.grin.com/de/e-book/200634/ernaehrung-fuer-sportler-und-bodybuilder

Richtig essen und trinken für Fitnessbewusste, Sportler, Bodybuilder, Hochleistungssportler und Freizeitsportler

Mehr Muskeln und weniger Fett!

Inhaltsverzeichnis

Liebe Leserinnen und Leser,

immer mehr Menschen in Deutschland sind übergewichtig und viele Krankheiten „gedeihen" auf dem Boden der Überernährung. Ein viel größeres Problem als Fehl- und Überernährung, die praktisch alle Menschen betreffen, ist die Bewegungsarmut.

Die Zahl der Menschen, die sich in Sportvereinen oder Fitness-Centern regelmäßig fit macht und hält, ist verschwindend gering; in der Regel sind die Menschen im Kindesalter sehr aktiv, in der Jugend gibt es schon zwei Welten, die der Sport- und Fitnessbegeisterten und – immer weiter zunehmend – die der Couch-Potatoes. Erwachsene sind zumeist sportlich inaktiv und nehmen ihren Körper zu wenig wahr. Selbstverständlich gibt es Senioren- und Gesundheitssport. Aber davon profitieren viel zu wenig Menschen.

Heute gilt der Ausspruch der Trimm-Dich-Ära „Essen und trimmen – beides muss stimmen" mehr denn je, da die Alltagsbewegung immer weiter zurückgeht. Körperlich intensive Berufe gibt es praktisch nicht mehr. Und auch im Haushalt nehmen uns immer mehr Maschinen die Muskelarbeit ab. Die Fortbewegung, die früher ein wichtiger Bestandteil des täglichen Energieverbrauchs war, übernehmen in der Regel Autos und öffentliche Verkehrsmittel. Obwohl die energieverbrauchende Muskelarbeit immer weiter zurückgeht, hat der Mensch übersehen, dass damit gleichzeitig eine Anpassung der Kalorienzufuhr hätte erfolgen müssen. Im Gegenteil: Heute isst der Durchschnittsmensch so viel, wie er vor 100 Jahren gebraucht hätte, um optimal versorgt zu sein. Früher war die Bewegung gewährleistet und das Essen nicht im gleichen Maße. Heute steht Essen überreichlich zur Verfügung, die Bewegung jedoch nicht.

Vor diesem Hintergrund nehmen chronische Krankheiten immer weiter zu, und ein Gesundheits- und Fitnessprogramm, das funktionieren soll, muss gleichzeitig auf mehr Muskelaktivität und eine gesündere Ernährungsweise setzen. Damit ist es möglich, dauerhaft und gesund das Fettgewebe zu minimieren und die Muskelkraft zu maximieren. Heutzutage ist es für jedermann möglich, Kenntnisse über eine präventive, ausgewogene Ernährungsweise zu erlangen und Sportangebote wahrzunehmen. Leider fehlt jedoch oftmals das Bewusstsein für die Notwendigkeit und die Freude, die Fitness und gesundes Essen bringen können. Ein solches Verhalten fördert nicht nur die Gesundheit, sondern gleichzeitig auch die Fitness und die Attraktivität. Nutzen Sie die Möglichkeiten, die Ihnen Ihr Fitness-Center bietet.

Wir wünschen Ihnen ein bewegtes gesundes Leben

Ihr
Sven-David Müller

Gesund und fit durch die richtige Ernährungsweise

Mindestens die Hälfte des Trainingserfolges hängt von der richtigen Ernährungsweise ab. Diese Auffassung wird sowohl von Ernährungswissenschaftlern als auch von erfolgreichen Sportlern nachdrücklich vertreten. Ob die Ernährung tatsächlich zu 40, 50 oder 60 Prozent am Trainingserfolg beteiligt ist, sei dahingestellt. Doch zweifellos kommt ihr eine größere Bedeutung zu, als die meisten Fitnesssportler ahnen. Nur in Kombination mit einer Ernährungsumstellung führt ein sportliches Training zu nachhaltigem Erfolg.

„Man ist, was man isst." Dieses Sprichwort haben Sie bestimmt schon mal gehört. In der Tat ist die richtige Ernährungsweise ein entscheidender Faktor. Sie beeinflusst nicht nur das äußere Erscheinungsbild, sondern auch das Wohlbefinden und hilft bei der Verhütung von Krankheiten. Zahlreiche Zivilisationsleiden sind alleine auf jahrelange Fehl- oder Überernährung zurückzuführen. Der Körper reagiert auf falsche Ernährungsgewohnheiten jedoch nicht sofort. Er „merkt" sie sich, und irgendwann mit zunehmendem Lebensalter kommt es zu mehr oder weniger ernsthaften Erkrankungen, auf die man sich selbst zunächst keinen Reim machen kann. Der Ernährungsmediziner dagegen weiß, dass diese Krankheiten auf falsche Ernährungsgewohnheiten in Kombination mit Bewegungsmangel und erblichen Faktoren zurückzuführen sind.

Diese Broschüre soll Ihnen helfen, die Prinzipien der richtigen Ernährungsweise zu verstehen, Fehler zu vermeiden und in Verbindung mit dem Fitnesstraining hier in Ihrem Sportstudio Erscheinungsbild, Wohlbefinden und Gesundheit zu verbessern. Wenn Sie die wichtigsten Einflussfaktoren der richtigen Ernährungsweise verstanden und verinnerlicht haben und diese auch in die Tat umsetzen, haben Sie in Zukunft keine Probleme mit Ihrer Figur sowie mit Über- oder Untergewicht. Zudem beugen Sie ernsthaften Zivilisationskrankheiten vor.

Warum die richtige Ernährungsweise so wichtig ist

Wie bereits beschrieben, entstehen viele Zivilisationskrankheiten auch durch eine falsche Ernährungsweise. Ein Großteil dieser ernährungs(mit)bedingten Krankheiten tritt jedoch erst nach vielen Jahren auf, so dass der Laie oftmals den Zusammenhang zwischen Ursache und Wirkung seines Essverhaltens nicht sofort erkennen kann.

Nach der von den englischen Wissenschaftlern Campbelle und Cleve aufgestellten „20-Jahre-Regel" dauert es tatsächlich bis zu 20 Jahre, bis sich Ernährungsfehler auf die Gesundheit auswirken. Die Organe des menschlichen Organismus sind offensichtlich stark belastbar und nehmen Ernährungsfehler längere Zeit widerspruchslos hin. Früher oder später kommt es jedoch zu Fehlfunktionen und schweren, u. U. gar lebensbedrohenden Krankheiten. Zu den ernährungs(mit)bedingten Zivilisationskrankheiten zählen:

Zahnerkrankungen
Von Zahnkaries und Parodontose sind nahezu alle Menschen in Industrienationen betroffen. Beide Krankheiten führen längerfristig zu Zahnschmerzen und Zahnverlust. Karies ist noch vor Krebs und Herz-Kreislaufkrankheiten die teuerste Einzelerkrankung in Deutschland! Das Ausmaß der Zahn- und Zahnfleischschädigungen hat in den letzten Jahren aufgrund des steigenden

Konsums von Zucker und klebrigen Süßwaren stark zugenommen. Klebrige Süßigkeiten wie Bonbons und Weingummi wirken auf die Zähne besonders zerstörerisch, da sie lange zwischen den Zähnen haften und oftmals auch durch Zähneputzen nicht vollständig entfernt werden können. Auch stärkehaltige klebrige Produkte wie Chips oder Knabbergebäck haften lange auf den Zähnen auf und sind oftmals bedenklicher als Süßigkeiten. Zu Karies kommt es, wenn die Bakterien der Mundflora Kohlenhydrate aus der Nahrung verarbeiten und dabei Säure entsteht. Diese greift den Zahnschmelz an, und es entsteht Karies. Neben der Ernährungsweise sind auch Zahnhygiene und Fluoridzufuhr wichtig in der Abwehr von Zahnkaries.

Erkrankungen des Bewegungs- und Bindegewebeapparates
Hierzu zählen alle Erkrankungen des rheumatischen Formenkreises wie Arthritis, Arthrose, rheumatoide Arthritis, Bandscheiben- und Wirbelsäulenschäden sowie weitere degenerative Erkrankungen des Bewegungsapparates. Zwischen falscher Ernährungsweise, Übergewicht und dem Entstehen dieser Leiden kann ein Zusammenhang bestehen. Übergewicht führt zu einer mechanischen Überlastung des Bewege- und Stützapparates. Fehlernährung kann die Situation noch verstärken und die Entzündungsabwehrmechanismen hemmen.

Stoffwechselkrankheiten
Diabetes mellitus, Fettsucht (Adipositas), Fettstoffwechselstörungen sowie Hyperurikämie gehören u. a. zu den chronischen Stoffwechselkrankheiten. Ihre Entstehung wird durch Überernährung, Bewegungsmangel und genetische Faktoren gefördert. Die durchschnittliche Aufnahme von gesättigten Fettsäuren sowie Zucker ist in Deutschland zu hoch und begünstigt die Entstehung bestimmter Stoffwechselerkrankungen. Auch der hohe Alkoholkonsum sowie die übermäßige Aufnahme von Purinkörpern und Cholesterin schädigen den Organismus.

Herz- und Kreislauferkrankungen
Arteriosklerose (Verkalkung und Verengung bestimmter Blutgefäße) und daraus resultierender Herzinfarkt sowie Schlaganfall sind in diesem Zusammenhang zu nennen. Jeder dritte Todesfall in den Industrienationen ist auf eine Herz- oder Kreislauferkrankung zurückzuführen. Kalorienreiche Kost, die oberhalb der Empfehlungen liegende Zufuhr von Fetten (vor allem gesättigte Fettsäuren) und Cholesterin über Jahre hinweg spielen bei diesen Krankheiten eine große Rolle. Der zusätzlich in Deutschland gegebene Ballaststoffmangel fördert die Entstehung von Herz-Kreislauferkrankungen.

Erkrankungen der Verdauungsorgane
Darmträgheit, Verstopfung (Obstipation), Leber- und Gallenerkrankungen usw. resultieren u. a. aus einer unzureichenden Zufuhr von Ballaststoffen. Außerdem ist die durchschnittliche Trinkmenge in den Industrienationen zu gering. Viele Menschen leiden unter einer ungesunden Darmflora. Viele der Stuhlverstopfungen könnten allein durch Umstellung auf eine ballaststoffreiche Ernährungsweise und Wiederaufforstung der Darmflora mit Milchsäurebakterien innerhalb kurzer Zeit gebessert werden.

Hautkrankheiten
Hautkrankheiten sind oftmals Ausdruck eines infolge von Vitalstoffmangel gestörten Stoffwechsels. Ohne die notwendigen Vitamine und Mineralstoffe können die

Stoffwechselprozesse nicht optimal ablaufen. Sichtbarer Ausdruck dieser Stoffwechselstörungen sind Hautveränderungen, Entzündungen, Rhagaden und Ekzeme. In vielen Fällen sind auch brüchige Fingernägel und diffuser Haarausfall auf Vitalstoffmangel zurückzuführen. Verantwortlich sind oftmals ein kombinierter Zink- und Biotinmangel.

Erkrankungen des Nervensystems
Auch das Nervensystem ist auf einwandfreie, vitalstoffreiche Nahrung angewiesen. Derartige Schädigungen treten oftmals erst nach jahrelanger falscher Ernährungsweise auf und sind schwer heilbar. In vielen Fällen sind Nervenschädigungen auf einen Vitamin-B-Mangel zurückzuführen.

Krebserkrankungen
Verschiedene Krebserkrankungen führt man auf falsche Ernährung zurück. Einen klaren Zusammenhang hat die Ernährungswissenschaft zwischen ballaststoffarmer Ernährungsweise und dem Auftreten von bestimmten Krebserkrankungen, insbesondere Darmkrebs erkannt. Eine fettreiche Ernährung begünstigt ebenfalls die Entstehung von Krebserkrankungen. Bekannt ist auch, dass Nitrosamine und andere Giftstoffe zu Krebserkrankungen führen können.

Auf der nächsten Seite finden Sie die wichtigsten Gründe ernährungs(mit)bedingter Krankheiten im Überblick.

Graphik: **Krankheiten, die auf falsche Ernährung zurückzuführen sind**
Übergewicht >40 Millionen Bundesbürger
Fettstoffwechsel 10 Millionen
Bluthochdruck >15 Millionen
Gicht 1,4 Millionen
Diabetes mellitus 6-8 Millionen
Zahnkaries >90% der Bundesbürger
Verdauungskrankheiten, Obstipation 20 Millionen

Zu hoher Konsum von Zucker und zuckerhaltigen Speisen
Der Durchschnittsverzehr von Zucker liegt in Deutschland bei 80 bis 100 g. Die Hinwendung zu Zuckerersatzmitteln hat in den vergangenen Jahren zu einem Rückgang des Zuckerkonsums geführt. Zucker ist nicht für die Entstehung von Übergewicht und ernährungs(mit)bedingten Erkrankungen allein verantwortlich zu machen.
Der Zucker in Süßigkeiten, Kuchen und Limonade enthält praktisch keine der für die Stoffwechselfunktionen wichtigen Vitamine und Mineralstoffe. Dennoch ist es falsch, dass Zucker dem Körper das lebenswichtige Vitamin B1 entzieht. Die Aufnahme von Zucker führt zur Ausschüttung des Hormons Insulin. Dieses Hormon aus der Bauchspeicheldrüse hat die Aufgabe, den Blutzuckerspiegel zu regulieren. Außerdem löst es Hunger aus und hemmt im Stoffwechsel den Abbau von Fettgewebe. Daher ist eine zuckerreiche Ernährungsweise nicht empfehlenswert.

Zu hoher Konsum von Kohlenhydraten mit einem hohen glykämischen Index
Darunter versteht man insbesondere aus Weißmehl hergestellte Lebensmittel wie Weißbrot, Brötchen, Kuchen und Teigwaren. Diese Nahrungsmittel sind nicht nur vitalstoffarm, sondern belasten auch die Bauchspeicheldrüse und erfordern die Ausschüttung größerer Insulinmengen. In der Ernährungswissenschaft wird die

Steigerung des Blutzuckers nach der Aufnahme von Kohlenhydraten als glykämischer Index bezeichnet. Ein hoher glykämischer Index bedeutet eine rasche Blutzuckersteigerung und ein niedriger eine langsame. Studien zeigen, dass eine Ernährungsweise mit einem niedrigen glykämischen Index gesundheitsförderlich ist.

Zu hoher Fettkonsum

Übermäßige Fettaufnahme (insbesondere gesättigte Fettsäuren) führt zu erhöhten Cholesterin- und Triglyceridwerten, Übergewicht und dem sogenannten metabolischen Syndrom. Insgesamt steigt die Gefahr, Stoffwechselkrankheiten zu entwickeln und einen Herzinfarkt und/oder Schlaganfall zu erleiden. Der Anteil ungesättigter Fettsäuren in der Nahrung hingegen ist zu niedrig.

Zu häufiger und zu reichlicher Alkoholgenuss

Alkohol ist für den menschlichen Organismus ein Giftstoff, der zudem eine Sucht auslösen kann. Außerdem begünstigt der hohe Energiegehalt alkoholischer Getränke die Entstehung von Übergewicht. Alkoholmissbrauch führt zu schweren Leberschäden und Bauchspeicheldrüsen-Erkrankungen.

Zu geringe Aufnahme von komplexen Kohlenhydraten

Komplexe Kohlenhydrate sind insbesondere in Vollkornprodukten, Vollkornreis und Kartoffeln enthalten. Der Verzehr dieser wichtigen Nahrung ging in den letzten 50 Jahren ständig zurück. Zudem werden immer mehr Fertigprodukte, wie beispielsweise Pommes frites oder andere Kartoffel-Fertigprodukte, verzehrt. Komplexe Kohlenhydrate sättigen besser als einfache Kohlenhydrate. Das trifft insbesondere dann zu, wenn komplexe Kohlenhydrate in Verbindung mit Ballaststoffen in Lebensmitteln vorkommen.

Woraus setzt sich unsere Nahrung zusammen?

Unsere Nahrungsmittel enthalten eine Vielzahl von Substanzen, die für die menschliche Ernährung wichtig, unwichtig oder sogar bedenklich sein können. Ernährungswissenschaftlich betrachtet wird zwischen Nähr- und Wirkstoffen unterschieden. Zu den Nährstoffen gehören Fette, Proteine und Kohlenhydrate. Vitamine und Mineralstoffe sind Wirkstoffe. Ballaststoffe werden diesen beiden Gruppen nicht zugeordnet, sind jedoch von großer Wichtigkeit für den menschlichen Körper.

Man kann Lebensmittel in zwei Hauptgruppen einteilen:

Nährstoffe (Makronährstoffe)	Wirkstoffe (Vital- oder Mikronährstoffe)
Eiweiße (Proteine)	**Vitamine (fett- und wasserlöslich)**
Kohlenhydrate	**Mineralstoffe (Mengen- und Spurenelemente)**
Fette	
Sonstige Nahrungsinhaltsstoffe	
Ballaststoffe	
Sekundäre Pflanzenstoffe	
Wasser	

Eiweiß (Proteine)

Ernährungswissenschaftlich werden Eiweiße auch als Proteine bezeichnet. Das Wort „Protein" ist aus dem Griechischen proteuo („ich nehme den ersten Platz ein") abgeleitet. Proteine setzen sich aus Aminosäuren zusammen, und bestimmte davon kann der menschliche Organismus nicht selbst herstellen.

Eiweiße können sich aus 23 Aminosäuren zusammensetzen. Im Muskeleiweiß beispielsweise sind die Aminosäuren andersartig verknüpft wie im Hauteiweiß, und dieses wiederum besitzt eine andere Struktur wie das Leberprotein. Für den Erhalt oder den Aufbau von Muskulatur ist es erforderlich, dem Körper ausreichend Protein anzubieten, damit die notwendigen Aminosäuren zur Verfügung stehen. Es ist wichtig, zwischen unentbehrlichen und entbehrlichen Aminosäuren zu unterscheiden. Die erstgenannten kann der Körper nicht selbst herstellen.

Damit der Körper eigenes Eiweiß zur Regeneration oder zum Aufbau neuer Substanz herstellen kann, muss man ihm dieses mit der Nahrung zuführen. Optimal wären Lebensmittel, die alle für die Proteinsynthese erforderlichen Aminosäuren enthalten. Und damit kommen wir zu einem wichtigen Begriff: der sogenannten „biologischen Wertigkeit". Sie besagt, wie viel körpereigenes Eiweiß aus 100 g Nahrungseiweiß aufgebaut werden kann. Die biologischen Wertigkeiten unserer Lebensmittel sind unterschiedlich. Wer Muskeln aufbauen will, muss auf möglichst hohe biologische Wertigkeit achten, wie sie u. a. Milch, Rindfleisch und Eier bieten. Die höchste biologische Wertigkeit hat Vollei. Pflanzliche Lebensmittel haben in der Regel eine niedrigere biologische Wertigkeit als tierische Lebensmittel und enthalten oftmals auch relativ wenig Protein. Ausnahmen bilden Soja und Gelatine, die eine sehr hohe beziehungsweise extrem geringe biologische Wertigkeit aufweisen. Glücklicherweise lässt sich die biologische Wertigkeit durch die Kombination von unterschiedlichen Nahrungsmitteln erhöhen. Ideal ist die Kombination von Kartoffel- und Eiprotein. Sie weist die höchste biologische Wertigkeit überhaupt auf.

Biologische Wertigkeit einiger Nahrungsmittel			
Vollei	94-97	**Maismehl**	24
Kuhmilch	62-100	**Weizenmehl, weiß**	40-70
Rindfleisch	67-84	**Weizenkeime**	89
Fisch	94	**Sojamehl**	65-81
Schweizer Käse	84	**Kartoffeln**	60-80
Hafer	88	**Erbsen**	56
Roggen	60	**Spinat**	64
Reis	67-88		

Unentbehrliche (essentielle) und entbehrliche (nicht-essentielle) Aminosäuren
Einen weiteren wichtigen Begriff werden Sie im Zusammenhang mit Ernährung und Training immer wieder hören und lesen: essentielle und nicht-essentielle Aminosäuren. Der Körper kann 15 dieser Aminosäuren (die sogenannten entbehrlichen Aminosäuren) selbst herstellen. Bei 8 Aminosäuren versagt diese Fähigkeit, so dass diese unentbehrlichen Aminosäuren dem Organismus unbedingt mit der Nahrung zugeführt werden müssen.

Wer sich einseitig ernährt, läuft demzufolge Gefahr, dass in der Nahrung einige essentielle Aminosäuren fehlen. Die Folge sind Mangelerscheinungen. Nach dem Prinzip „eine Kette immer nur so stark ist wie ihr schwächstes Glied", kann der

Körper nur dann Proteine aufbauen, wenn ihm alle essentiellen Aminosäuren als Bausteine zur Verfügung stehen.
Fehlt nur eine einzige unentbehrliche Aminosäure, kommt die Eiweißsynthese zum Erliegen.

<table>
<tr><td colspan="2">Unentbehrliche Aminosäuren</td></tr>
<tr><td>Lysin</td><td>Isoleucin</td></tr>
<tr><td>Valin</td><td>Threonin</td></tr>
<tr><td>Leucin</td><td>Phenylalanin</td></tr>
<tr><td>Methionin</td><td>Tryptophan</td></tr>
<tr><td colspan="2">Entbehrliche Aminosäuren (u. a.)</td></tr>
<tr><td>Histidin</td><td>Glutamin</td></tr>
<tr><td>Arginin</td><td>Glutaminsäure</td></tr>
<tr><td>Cystin</td><td>Asparagin</td></tr>
<tr><td>Cystein</td><td>Asparaginsäure</td></tr>
<tr><td>Tyrosin</td><td>Glycin</td></tr>
<tr><td>Alanin</td><td>Prolin</td></tr>
<tr><td>Serin</td><td></td></tr>
</table>

Nahrungsergänzungsmittel
Es werden Nahrungsergänzungsmittel auf Aminosäurebasis angeboten. Solche Nahrungsergänzungsmittel sind durchaus sinnvoll und können einen erhöhten Bedarf abdecken. Es ist also keinesfalls ein „Spleen", wenn Fitnesssportler solche Nahrungsergänzungsmittel einnehmen, sondern basiert auf ernährungswissenschaftlichen Erkenntnissen.

Ein Sportler benötigt in der Regel wesentlich mehr Nähr- und Wirkstoffe als nicht trainierende „Durchschnittsbürger". Ein optimal zusammengesetztes Proteingetränk ist preiswert, hat eine hohe biologische Wertigkeit und belastet den Körper nicht mit Cholesterin, gesättigten Fettsäuren, übergroßen Salzmengen und Purinen.

Nahrungsergänzungsmittel können selbstverständlich eine gesunde Ernährungsweise nicht überflüssig machen, sondern stellen eine sinnvolle Ergänzung dar.

Wie viel Eiweiß braucht der Mensch?
Für den Normalbedarf empfiehlt die Weltgesundheitsorganisation (WHO) je nach Alltagsbelastung eine tägliche Eiweißaufnahme von 0,8 bis 1 g pro kg Körpergewicht. So kann der Körper ausreichend regenerieren und sogar in begrenztem Umfang Muskulatur aufbauen.

Aktive Sportler sollten dagegen – je nach Leistungsanspruch und Disziplin – die tägliche Eiweißaufnahme auf 1 bis 1,5 g und im extremen Kraftsportbereich u. U. sogar auf 2 g pro kg Körpergewicht erhöhen, was mit Hilfe der oben erwähnten Proteinkonzentrate kein Problem ist. Mehr dazu im Kapitel „Gezielt zunehmen".

Graphik: **Die Folgen von Eiweißmangel** (Seite 13)

Zucker und Stärken (Kohlenhydrate)

Was sind Kohlenhydrate?

Chemisch betrachtet, bestehen Kohlenhydrate aus Kohlenstoff, Wasserstoff und Sauerstoff. Je nachdem, aus wie vielen Molekülen sie zusammengesetzt sind, spricht man von einfachen, zweifachen und mehrfachen (komplexen) Kohlenhydraten:

Monosaccharide (Einfachzucker)
Disaccharide (Zweifachzucker)
Polysaccharide (Vielfachzucker)

Die Kohlenhydrate sind für den Körper die wichtigsten Energielieferanten. Deshalb sollte man die Hälfte bis zwei Drittel des Täglichen Kalorienbedarfs aus komplexen Kohlenhydraten decken. Die Aufnahme von komplexen Kohlenhydraten (Polysaccharide) ist besonders wichtig. Einfache Kohlenhydrate sind u. a. Industrie-, Trauben- und Fruchtzucker sowie alle Nahrungsmittel, in denen Industriezucker enthalten ist (Schokolade, Speiseeis, Kuchen, Pralinen).

Einfachzucker (insbesondere Traubenzucker) erhöhen zwar unmittelbar nach dem Essen den Blutzuckerspiegel, haben also einen hohen glykämischen Index, und sorgen so für einen kurzzeitigen Energieschub. Je höher und rascher der Blutzuckerspiegel jedoch ansteigt, desto mehr Insulin setzt die Bauchspeicheldrüse zur Senkung des Blutzuckerspiegels frei. Folge: Der Blutzuckerspiegel fällt schnell auf den ursprünglichen Niedrigwert, und es stellen sich erneut Hungergefühle ein. Deshalb ist man nach dem Genuss von Einfachzuckern und anderen Lebensmitteln mit einem hohen glykämischen Index nur kurze Zeit gesättigt.

Tabelle: **Aufbau und Bedeutung der Kohlenhydrate** (Seite 15)

Die Graphik zeigt auf, wie die Blutzuckerkurve nach dem Verzehr einer Vollkornmahlzeit, einer Mahlzeit mit Auszugsmehl und einer mit Zucker gesüßten Speise verläuft. Wie deutlich zu erkennen ist, führt die Vollkornmahlzeit zu relativ geringen „Ausschlägen" nach oben und unten, während der Zucker extreme Werte mit körperlichen Folgen verursacht.

Graphik: **Blutzuckerkurve** (Seite 17)

Warum sind komplexe Kohlenhydrate wertvoll?

Hoher Zuckerkonsum kann zu Übergewicht führen. Übergewicht ist ein Risiko für die Entstehung von Diabetes mellitus und anderen Stoffwechselerkrankungen. Viel wertvoller für die Ernährung sind die komplexen Kohlenhydrate und Ballaststoffe. Sie sind beispielsweise in Vollkorngetreide, (Pell-)Kartoffeln, Vollkornreis und -nudeln, Gemüse und Obst enthalten. Ballaststoffhaltige Kohlenhydratträger sättigen besser als ballaststoffarme Kohlenhydratträger und haben zudem einen niedrigeren glykämischen Index als diese.

Wenn wir Vollwertkost (Vollkornbrot, Obst, ungezuckertes Vollkornmüsli) essen, ist der Körper lange mit der Umwandlung der komplexen Kohlenhydrate in Einfachzucker beschäftigt, die nach und nach ins Blut übergehen. Die Folge ist eine kontinuierliche Energiebereitstellung und Sättigung über mehrere Stunden. Bestehen Mahlzeiten dagegen aus hellen Brötchen, Marmelade, Keksen, Limonade oder Fastfood, steigt der Blutzuckerspiegel rasch, um schon zwei Stunden später ebenso schnell abzufallen. Innerhalb kurzer Zeit fühlt man sich müde und hungrig.

Vollkornprodukte enthalten mehr Vitamine, Mineralstoffe und Ballaststoffe als Weißmehlprodukte und sind daher ein wichtiger Bestandteil einer gesunden und ausgewogenen Ernährungsweise.

Graphik: **Die Bedeutung der Kohlenhydrate für die Leistungsfähigkeit** (Seite 19)

Die Kohlenhydrate als Energie-Lieferanten

Kohlenhydrate sind die schnellsten Energie-Lieferanten. Sofern sie nicht gleich verbraucht werden, wandelt sie der Körper in Glykogen um und speichert dieses in den Muskeln und in der Leber. Benötigt der Körper (beispielsweise während des Trainings) Energie, greift er zunächst auf die im Blut gelösten Zuckerreserven zurück. Erst bei weiterem Energiebedarf wandelt der Körper das Muskel- oder Leberglykogen in Traubenzucker um. Bis zu 1.500 Kalorien sind im menschlichen Körper in Form von Glykogen gespeichert.

Kohlenhydrate, die nicht gleich verbraucht oder als Glykogen gespeichert werden können, wandelt der Körper in Fett um. Fett dient in erster Linie als Energiedepot für extrem lange Ausdauerbelastungen oder Hungerphasen.

Wer so viele Kohlenhydrate aufnimmt, dass er die darin enthaltene Energie nicht im Laufe des Tages verbraucht, muss damit rechnen, Fettgewebe aufzubauen.

Fette (Lipide)

Fette (Lipide) sind konzentrierte Energielieferanten und setzen sich aus Fettsäuren und Glycerin zusammen. Der menschliche Körper ist auf die Aufnahme von bestimmten Fettsäuren (unentbehrliche Fettsäuren) angewiesen, da er diese nicht selbst herstellen kann.

Fett und Übergewicht

Eine in Amerika durchgeführte Untersuchung ergab einen mittleren Körperfettanteil von 23% bei Männern und 36% bei Frauen. Die Studie bewies einmal mehr, dass der Körperfettanteil innerhalb breiter Bevölkerungsschichten deutlich zu hoch ist. Normal sind Werte von 15% (Männer) und 21% (Frauen). Zur Aufrechterhaltung der Körperfunktionen reicht sogar ein weit geringerer Körperfettanteil. Der Fettgehalt des menschlichen Organismus lässt sich mit der sogenannten bioelektrischen Impedanz-Messung (BIA) relativ genau ermitteln. Diese Messung wird durch sogenannte Fettwaagen erreicht.

Andere Studien zeigen den direkten Zusammenhang zwischen Übergewicht und Lebenserwartung. Danach verkürzt ein Übergewicht von 10% die Lebenserwartung um 17%, und bei einem Übergewicht von 30% muss man mit einer Verkürzung der Lebenserwartung um 40% rechnen. Nach einer im April 2007 von der IASO (International Association for the Study of Obesity) veröffentlichten Studie sind in Deutschland 75,4 Prozent der Männer und 58,9 Prozent der Frauen zu dick.

Man muss zwischen zwei Arten von Körperfett unterscheiden: dem Depotfett für Notzeiten und dem als natürliches Polster und Stützgewebe – z. B. für Handflächen, Fußsohlen und innere Organe – eingelagertem Fett. Außerdem sind Lipide

notwendig, um die fettlöslichen Vitamine (A, D, E und K) für den menschlichen Körper verfügbar zu machen.
Eine falsche Ernährungsweise, mangelnde Bewegung und fehlende Kenntnisse sind die Hauptursachen für das Übergewicht.

Übergewicht entsteht, sobald der Körper weniger Energie verbraucht, als ihm zugeführt wird. Ein Pfund Körperfett enthält rund 3.500 Kalorien. Jeder Nährstoff enthält eine bestimmte Kalorienmenge: Fett ca. 9.3 kcal pro Gramm, Kohlenhydrate und Proteine 4,1 kcal/g. Alkohol liefert pro Gramm 7 kcal.

Welche Fette sollten bevorzugt werden?
Alle Fette (Triglyceride) setzen sich aus drei Fettsäuren und Glycerin zusammen. Bei den Fettsäuren unterscheiden Ernährungswissenschaftler zwischen gesättigten und ungesättigten Fettsäuren. Es gibt ein- und mehrfach ungesättigte Fettsäuren. Gesättigte Fettsäuren haben keine Doppelbindungen und erhöhen den Cholesterinspiegel. Bei den ungesättigten Fettsäuren sind dagegen eine oder mehrere Doppelbindungen enthalten. Sie verhalten sich bezüglich des Cholesterinspiegels neutral oder tragen sogar zur Senkung bei. Bestimmte mehrfach ungesättigte Fettsäuren sind unentbehrlich. Von besonderer Bedeutung für den menschlichen Organismus sind Omega-3-Fettsäuren. Diese sind insbesondere im Fett von Fischen (beispielsweise Lachs, Hering und Makrele) enthalten.

Die Fettaufnahme in Deutschland liegt oberhalb der Empfehlungen der Deutschen Gesellschaft für Ernährung (DGE). Vor allem ist die Aufnahme gesättigter Fettsäuren zu hoch, während der Konsum von ungesättigten Fettsäuren, insbesondere Omega-3-Fettsäuren, die Empfehlungen für die Aufnahme nicht erreicht.

Cholesterin ist eine Substanz, die für den menschlichen Körper lebensnotwendig ist. Die Leber kann jedoch Cholesterin in ausreichenden Mengen selbst herstellen. Daher ist die Aufnahme von Cholesterin über die Nahrung nicht erforderlich. Ein erhöhter Cholesterinspiegel – LDL-Cholesterin – gilt als Hauptrisikofaktor für die Arterienverkalkung. Der Cholesteringehalt von Nahrungsmitteln hat jedoch eine untergeordnete Bedeutung für den Cholesterinspiegel im Blut. Aktuelle Studien ergeben beispielsweise, dass durch die Aufnahme von Hühnereiern, die reich an Cholesterin sind, der Cholesterinspiegel im Blut praktisch nicht erhöht wird.

Lebensmittel mit besonders hohem Cholesteringehalt (pro 100g Lebensmittel):

Hirn	3150 mg
Eigelb	1400 mg
Hühnerei	500 mg
Nieren	350 mg
Butter	250 mg
Leber	190 mg
Krabben	150 mg

Gesättigte Fettsäuren
sind z. B. enthalten in:
Fleisch, Eigelb, Butter, Sahne, Milch, Schweinefett

Ungesättigte Fettsäuren
sind z. B. enthalten in:

Da Fett den höchsten Energiegehalt der Nährstoffe hat, führt eine fettreiche Ernährungsweise leicht zu Übergewicht. Da Fette jedoch – wie bereits erwähnt – auch wichtige Funktionen für den Körper erfüllen, kann man die Fettaufnahme nicht beliebig reduzieren. Eine fettarme Ernährungsweise ist nicht in jedem Fall gut. Die Zufuhr ungesättigter Fettsäuren ist wichtig für den Menschen. Wie bei den Aminosäuren gibt es auch unter den Fettsäuren unentbehrliche. Sie sind für den Stoffwechsel, die Hormonbildung und in Verbindung mit den Vitaminen A, B, E und K von großer Bedeutung. Die genannten Vitamine sind fettlöslich und deshalb nur unter Mitwirkung dieser Substanz resorbierbar. Es geht also nicht darum, die Fette ganz aus der Ernährung zu streichen, sondern lediglich darum, die richtigen Fette in der richtigen Menge zu sich zu nehmen. Auch wenn Nüsse und Diät-Margarine ein gesundheitsförderliches Fettsäuremuster haben, fördern sie trotzdem im Übermaß die Entstehung von Übergewicht. Auch für Fette gilt der Ausspruch Paracelsus': „Allein die Dosis macht, dass ein Ding kein Gift ist!"

Wer sich gesund ernähren möchte, sollte möglichst auf natürliche, kalt gepresste und nicht chemisch behandelte Fette ohne Zusätze zurückgreifen. Besonders empfehlenswert sind daher kaltgepresste Öle, Nüsse und fetthaltige Samen. Diese enthalten vornehmlich ungesättigte Fettsäuren und liefern zusätzlich wertvolle fettlösliche Vitamine und lebenswichtige sekundäre Pflanzenstoffe. Bei den Streichfetten sollte ebenfalls auf eine hochwertige Herstellung geachtet werden. Gehärtete Fette sollten vermieden werden, da sie oftmals sogenannte Transfettsäuren, die den Cholesterinspiegel massiv erhöhen können, enthalten. Ideale Streichfette sind Diät- und Reformmargarine. Im Gegensatz zu Butter sind sie frei von Cholesterin, arm an gesättigten Fettsäuren, frei von Transfettsäuren, aber ein hervorragender Lieferant der für den Menschen so wichtigen mehrfach gesättigten Fettsäuren.

Reduzieren Sie Ihren Fettkonsum und nehmen Sie möglichst wenig gesättigte, aber ausreichend ungesättigte Fettsäuren auf!

Sichtbare und unsichtbare Fette
Tierische Fette, außer denen in Fisch Omega-3-Fettsäuren, sind wenig gesundheitsförderlich. Zu bedenken ist auch, dass mit der Nahrung nicht nur sichtbare Fette (beispielsweise Öl, Margarine oder Butter) aufgenommen werden. Es genügt also nicht, einfach den Speckrand wegzuschneiden, sondern man muss sich auch der unsichtbaren Fette (insbesondere in Fastfood, Wurst und Käse sowie Gebäck, Kuchen, Pralinen oder Schokolade enthalten) bewusst sein, die sich in vielen Nahrungsmitteln befinden. Fertigdesserts, Pudding und frittierte Gerichte enthalten reichlich versteckte Fette.
Verschiedene Wurstsorten (beispielsweise Leberwurst, Mettwurst, Teewurst und Pasteten) bestehen gar zu 30 bis 50 Prozent und mehr aus Fett. Relativ fettarm sind Aspikwurst, Corned Beef, Geflügelwurst, kalter Braten, Roast Beef, Kasselerbraten, Sülzen und Schinken (roh und gekocht).

Milchprodukte können fettreich sein. Das trifft insbesondere auf Käse und Quark zu, die es mit hohen Fettgehaltsstufen gibt (beispielsweise Sahnequark oder Brie mit 70 Prozent F.i.Tr.). Die vorgenannte Abkürzung ist auf Käseverpackungen angegeben und bedeutet Fettgehalt in der Trockenmasse. Eine gesundheitsbewusste

Ernährungsweise sollte möglichst selten Käsesorten mit einem Fett-in-Trockenmasse-Gehalt von mehr als 45 Prozent aufweisen. Mager-Käsesorten sind beispielsweise Mager-Quark, Hüttenkäse und insbesondere Harzer Käse, der der fettärmste Käse überhaupt ist.

Eine zu starke Fetteinlagerung im Körper ist dann gegeben, wenn der Betreffende im Stehen mehr als 2 cm seiner Mittelpartie mit zwei Fingern fassen kann. Dann wird es Zeit für eine Ernährungsumstellung mit gedrosselter Fett- und Kalorienaufnahme. Wichtig ist, dass die Ernährungsumstellung dauerhaft geschieht und nicht nur für einige Tage, wie es manche Crash- oder Wunderdiäten vorsehen. Bei solchen Radikalkuren besteht die reduzierte Gewichtsmenge in erster Linie aus Wasser und Muskelmasse. Der Verlust von Muskulatur bedeutet, dass nach der Diät der gefürchtete Jojo-Effekt einsetzt. Immer wenn der Körper größere Mengen Muskeln abbaut, sinkt der Energiebedarf. Eine ausgewogene kalorienreduzierte Mischkost mit einem ausreichenden Eiweißgehalt reduziert die Gefahr des Muskelabbaus. Noch geringer ist diese, wenn neben der Ernährungsumstellung ausreichend Bewegung und Fitness-Sport in den Alltag eingebaut wird.

Vitamine

Vitamine sind für den menschlichen Organismus unentbehrlich, da er diese mit Ausnahme von Vitamin D nicht selbst herstellen kann. Sehr viele Vorgänge im Körper können jedoch ohne Vitamine nicht stattfinden. Daher muss auf eine ausreichende tägliche Zufuhr geachtet werden, denn für viele dieser wichtigen Mikronährstoffe gibt es im Organismus keine Speicher.

Die Bezeichnung „Vitamine" entstand aus dem lateinischen Wort „Vita" (= Leben) und dem chemischen Begriff „Amine". Früher glaubte man, dass diese lebensnotwendigen Substanzen alle Bestandteile der Amino-Gruppe enthalten würden. Erst später stellte man fest, dass diese Annahme falsch war. Die Wortschöpfung „Vitamine" blieb jedoch bestehen. Richtig ist, dass Vitamine lebensnotwendig sind. Der Körper braucht sie für den Eiweiß-, Kohlenhydrat- und Fettstoffwechsel, die Nervenfunktionen, die Blutbildung und andere lebenserhaltende Funktionen.

Trotz der allgemeinen Überernährung in Deutschland kommt es bei praktisch allen Bevölkerungsgruppen zu einer mehr oder weniger ausgeprägten Vitaminunterversorgung. Nahezu alle Menschen in Deutschland nehmen viel zu wenig Folsäure und Vitamin D auf. Versorgungslücken gibt es auch bei Vitamin E und Pantothensäure. Die unzureichende Vitaminzufuhr ist insbesondere auf eine ungünstige Lebensmittelauswahl, zu lange Lagerung und falsche Zubereitung zurückzuführen.

Graphik: **Querschnitt durch ein Getreidekorn. Die wertvollen Vitamine befinden sich im Keim und in der Schale. (Seite 26)**

Auch eine Vitamin-C-Unterversorgung ist eine typische Zivilisationskrankheit, von der vor allem Raucher betroffen sind. Der „Genuss" einer einzigen Zigarette kostet bis zu 4 mg Vitamin C. 20 Zigaretten verbrauchen demzufolge 80 mg Vitamin C – eine mittlere Tagesdosis. Der betreffende Raucher müsste also zur Sicherstellung einer ausreichenden Versorgung täglich 160 mg Vitamin C einnehmen. Viele chronische

Krankheiten (beispielsweise Diabetes mellitus oder entzündliche Krankheiten wie Rheuma) und Medikamente (auch die Anti-Baby-Pille) erhöhen die Gefahr einer unzureichenden Vitamin-Versorgung, da sie den Bedarf oder die Ausscheidung erhöhen können. Viele Menschen in Deutschland haben keine optimale Biotin-Versorgung und leiden daher unter brüchigen Fingernägeln und diffusem Haarausfall.

Experten unterscheiden zwischen fett- und wasserlöslichen Vitaminen. Fettlöslich sind die Vitamine A, D, E und K. Alle weiteren Vitamine sind wasserlöslich. Da fettlösliche Vitamine im Körper gespeichert werden, besteht hier eine Gefahr der Überdosierung. Bei wasserlöslichen Vitaminen dagegen ist eine Überdosierung nahezu ausgeschlossen, da der Körper überschüssige Mengen umgehend ausscheidet. Nahrungsergänzungsmittel sind laut Gesetzgeber so dosiert, dass sie bei Einhaltung der Einnahmeempfehlungen keine Überdosierungen hervorrufen können. Grundsätzlich sollten Verbraucher vor der Einnahme von Nahrungsergänzungsmitteln aber Ernährungsexperten, Ärzte oder Apotheker befragen.

Die meisten Vitamine lassen sich heutzutage leicht synthetisch herstellen. Die künstlichen Vitamine sind chemisch identisch mit den natürlichen Vitaminen. Sie werden vom Körper genauso aufgenommen. Allein deshalb ist eine ausreichende Vitaminversorgung der Bevölkerung eigentlich kein Problem.
Trotzdem muss darauf hingewiesen werden, dass bei der falschen Zubereitung von Speisen Vitamine zerstört werden. Denn nur wer „richtig" kocht, kann eine vollkommene Vitaminversorgung wirklich gewährleisten. Die Einnahme von Nahrungsergänzungsmitteln kann eine gesundheitsförderliche Ernährungsweise nicht ersetzen, aber sinnvoll ergänzen.

Damit Vitamine und Mineralstoffe bei der Zubereitung von Speisen nicht verloren gehen, sollte man folgende Regeln beachten:
1. Speisen (vor allem Gemüse und Obst) nicht unnötig lange dem Licht aussetzen. Je stärker und länger die Lichteinwirkung ist, desto mehr Vitamine gehen verloren.
2. Gemüse und Obst erst unmittelbar vor dem Essen oder der Zubereitung zerkleinern, da Vitamine auch an der Luft durch Oxidation zerstört werden.
3. Verzehren Sie Obst, Gemüse und auch Kartoffeln möglichst mit Schale. Die Randschichten enthalten besonders viele Vitamine, Mineralstoffe, sekundäre Pflanzenstoffe und Ballaststoffe. Durch das Schälen gehen diese wertvollen Vitalstoffe verloren.
4. Vermeiden Sie unnötig langes Wässern (häufig bei Kartoffeln). Natürlich muss man Nahrungsmittel vor dem Essen oder der Zubereitung gründlich säubern, um Schmutz und vor allem chemische Rückstände zu entfernen. Durch zu langes Wässern jedoch werden Vitamine und Mineralstoffe regelrecht weggeschwemmt.
5. Stellen Sie fertige Gerichte nicht längere Zeit warm. Es ist einwandfrei bewiesen, dass der Vitamingehalt der Lebensmittel umso stärker abnimmt, je länger man sie erhitzt.

Wodurch Vitamine zerstört werden (Seite 29)
Licht
Luft
Warmhalten

Wässern

Vitamin A (Retinol):
Dieses Vitamin ist wichtig für die Augenfunktion, es schützt die Schleimhäute und die Haut. Bei Vitamin-A-Mangel stellen sich Sehstörungen bis hin zur Nachtblindheit ein. Die Bildung von Zahnkaries wird gefördert, und die Schleimhäute sind anfälliger gegenüber Infektionen. Vitamin A ist in manchen Lebensmitteln in reiner Form enthalten; in anderen Lebensmitteln als Vorstufe (Beta-Carotin), woraus der Körper je nach Bedarf Vitamin A herstellt. Besonders reich an Vitamin A oder Beta-Carotin sind Eigelb, Leber, Spinat, Karotten (Möhren) und Petersilie.

Vitamin-B-Komplex:
Diesen Vitaminen müssen Sportler besondere Beachtung schenken. Sie steuern zahlreiche Nervenfunktionen, sind verantwortlich für den Stoffwechsel von Kohlenhydraten, Fetten und Proteinen, sie fördern bei Sport den Muskelaufbau, beeinflussen die Blutbildung und regulieren den Appetit. B-Vitamine sind wasserlöslich. Eine Gefahr der Überdosierung besteht deshalb kaum, so dass Sportler sie bei besonders hohem Bedarf auch in Form von Nahrungsergänzungsmitteln einnehmen können. Nahrungsergänzungsmittel, die in einer Depot- oder Retardform angeboten werden, sollten bevorzugt werden, da sie eine optimale Versorgung gewährleisten. Ernährungsphysiologisch besonders wertvoll sind Nahrungsergänzungsmittel, die die enthaltenen Mikronährstoffe chronologisch freisetzen.

Vitamin B1 (Thiamin) beeinflusst den Kohlenhydratstoffwechsel sowie die Funktion des Nervensystems. Konzentrationsschwäche, Vergesslichkeit und Müdigkeit sind nur einige Anzeichen für Vitamin-B1-Mangel. Getreidekeime und Bierhefe sind bedeutende Vitamin-B1-Lieferanten. Deshalb sollte man möglichst viele Vollkornprodukte essen, in denen Getreidekeime in ihrer ursprünglichen Form vorkommen.

Vitamin B2 (Riboflavin) ist wichtig für den Stoffwechsel von Kohlenhydraten, Fetten und Eiweißen. Mangelerscheinungen zeigen sich in Form von Hautentzündungen. Milch, Eier, Vollkornprodukte, Schweine- und Geflügelfleisch sowie Fisch sind die wichtigsten Vitamin-B2-Lieferanten.

Auch die **Vitamine B6 (Pyridoxin) und B12 (Cobalamin)** sind für den Kohlenhydrat-, Fett- und Eiweißstoffwechsel von Bedeutung. Ferner beeinflussen sie die Bildung roter Blutkörperchen und die Nervenfunktionen.

Vitamin C (Ascorbinsäure):
Der Tagesbedarf von Vitamin C beträgt etwa 80 mg, doch bei Infektions- und Erkältungskrankheiten kann man die Dosierung bedenkenlos auf ein Mehrfaches steigern. Mit Vitamin C kann man Erkältungen vorbeugen beziehungsweise den Heilungsprozess beschleunigen. Auch an der Blutbildung und am Zellstoffwechsel ist Vitamin C beteiligt. Diabetiker haben einen deutlich erhöhten Vitamin C-Bedarf. Vitamin C ist vor allem in Obst, Gemüse und Kartoffeln enthalten. Diese Nahrungsmittel liefern praktisch den gesamten Tagesbedarf an Vitamin C. Eine Überdosierung dieses wasserlöslichen Vitamins ist kaum möglich.

Vitamin D (Cholecalciferol):
Dieses Vitamin wird unter dem Einfluss von UV-Strahlen in der Haut gebildet. Wer sich regelmäßig kurz in der Sonne aufhält oder ein Solarium nutzt, wird nie unter Vitamin-D-Mangel leiden. Vitamin D ist mitverantwortlich für das Knochenwachstum. Vitamin-D-Mangel begünstigt Rachitis und Knochenbrüche.

Vitamin E (Tocopherol):
Gerade in jüngster Zeit wurde Vitamin E als wahres Wundermittel gegen Alterserscheinungen, Konzentrationsstörungen oder Rheuma gefeiert. Sicherlich wurde oft übertrieben, doch für Sportler ist Vitamin E von entscheidender Bedeutung. Es übernimmt wichtige Funktionen beim muskulären Stoffwechsel, fördert die Proteinsynthese für den Muskelaufbau und erhöht die muskuläre Durchblutung. Vitamin E wirkt stimulierend und unterstützt die Konzentrations- und Merkfähigkeit. Insbesondere Leistungssportler müssen auf ausreichende Vitamin-E-Aufnahme achten.

Bei ausgewogener Ernährungsweise nimmt man Vitamin E in ausreichender Menge über Öle, Margarine, Eier, Vollkornbrot, Erbsen und Sojabohnen auf. Außerdem gibt es ausgezeichnete Vitamin-E-Präparate, die nicht nur dieses Vitamin, sondern auch Vitamin C und die wichtigen Vitamine des B-Komplexes enthalten. Achten Sie unbedingt auf eine ausreichende Vitaminversorgung Ihres Körpers. Bedenken Sie auch, dass der Vitaminbedarf bei Sportlern höher als bei Nichtsportlern ist.

Bei unzureichender Vitaminversorgung laufen viele Stoffwechselprozesse nicht mehr optimal ab. So ist in solchen Fällen beispielsweise das Muskelwachstum trotz ausreichender Eiweißversorgung und Fitnesstraining gestört.

Mineralstoffe (Mengen- und Spurenelemente)

Während die Bedeutung der Vitamine für die Aufrechterhaltung der Körperfunktionen heute allgemein bekannt ist, sind die Kenntnisse über Mineralstoffe oft unzureichend. Mineralstoffe sind wie Vitamine lebensnotwendig. Für die meisten Mineralstoffe hat der menschliche Organismus keine Speicher; außerdem kann er sie nicht selbst herstellen. Die Unterscheidung zwischen Mengen- und Spurenelementen basiert in erster Linie auf dem unterschiedlichen Tagesbedarf. Bei Natrium beispielsweise liegt der Tagesbedarf bei 2 bis 3 g, bei Fluorid dagegen beträgt er lediglich 1 mg. Demzufolge zählt Natrium zu den Mengenelementen und Fluorid wie auch Selen und Zink zu den Spurenelementen.

Obwohl Mengen- und Spurenelemente nur in geringen Mengen mit der Nahrung aufgenommen werden, sind sie für alle Körperfunktionen von großer Bedeutung. Der menschliche Organismus kann ohne Mineralstoffe nicht existieren. Proteine, Kohlenhydrate und Fette kann der Körper nur dann voll verwerten, wenn die Mineralstoffe in ausreichender Menge zur Verfügung stehen.

Im Gegensatz zu manchen Aminosäuren und Vitaminen kann der Körper die Mineralstoffe nicht selbst produzieren. Deshalb muss man sie mit der täglichen Nahrung zuführen. Dabei werden nur etwa 10% der aufgenommenen Mineralstoffe auch tatsächlich verwertet. Bei gleichzeitiger Einnahme von Aminosäuren, insbesondere Histidin, lässt sich dieser Faktor jedoch auf das 3- bis 5-fache steigern.

Bei intensivem Fitnesstraining und Saunabesuchen verliert der Körper durch Transpiration so viele Mineralstoffe, dass man diese unbedingt ersetzen muss. Mit einem Liter Schweiß verliert der Organismus beispielsweise 1 g Natrium und 400 mg Kalium. Diese und andere Mineralstoffe sind aber extrem wichtig für die Funktion des neuromuskulären Systems. Ersetzt man diese Stoffe nicht umgehend, sind Leistungsminderung, Muskelkater und -krämpfe die Folge. Zu empfehlen sind Mineralgetränke, die alle Mineralstoffe (vom Arzt auch Elektrolyte genannt) in ausreichender Menge enthalten und für eine schnelle Regeneration sorgen.

Entscheidend für eine ausreichende Versorgung des Körpers mit Mineralstoffen ist eine ausgewogene Kost mit reichlich Gemüse, Obst, Milch, Fleisch und Vollkornprodukten.

Eisen:
Es ist verantwortlich für den Sauerstofftransport im Blut und für die Sauerstoffversorgung der Zellen, was für die Trainingsenergie von entscheidender Bedeutung ist. Eisen wird durch den Darm relativ schwer aufgenommen, so dass die Nahrung den 10- bis 12-fachen Tagesbedarf enthalten muss. Frauen im gebärfähigen Alter müssen besonders auf ausreichende Eisenversorgung achten, da während der Menstruation viel Eisen verloren geht. Vitamin C fördert die Eisenaufnahme, während diese durch das im schwarzen Tee enthaltene Tannin gehemmt wird.

Fluorid:
Die meisten Menschen in Deutschland leiden unter Fluoridmangel, da dieses Spurenelement in reichlicher Menge nur in schwarzem Tee enthalten ist. Es ist sinnvoll, Speisesalz zu verwenden, das mit Fluorid angereichert worden ist. Es beugt Karies und Osteoporose vor und härtet den Zahnschmelz.

Kalium und Magnesium:
Diese Mineralstoffe fördern die elektrische Leitfähigkeit im Herz und in den Nerven. Mit 30 g speichert der Körper relativ viel Magnesium. Der Tagesbedarf eines Erwachsenen liegt bei 200-400 mg. Für Sportler und stressgefährdete Menschen ist Magnesium besonders wichtig. Es gibt gute Magnesiumpräparate, so dass man eventuellen Mangelzuständen leicht vorbeugen kann. Magnesiummangel führt häufig zu Muskelkrämpfen, und bei Kopfschmerzen hilft oftmals Magnesiumzufuhr.

Kalzium:
Das Mengenelement ist wichtig für den Knochenbau und die Zähne. Nur bei einer ausreichenden Kalziumzufuhr ist eine optimale Knochendichte zu erreichen. Vitamin D fördert die Kalziumaufnahmefähigkeit des Magen-Darmtrakts. Kalzium wirkt sich positiv auf den Stoffwechsel, die Blutgerinnung und Reizleitfähigkeit der Nerven aus. Mit 0,8 bis 1 g für erwachsene Menschen liegt der Tagesbedarf verhältnismäßig hoch.

Mangan:
Das lebenswichtige Spurenelement fördert die Gesunderhaltung des Bindegewebes und der Gelenke, und es verringert die Verletzungsanfälligkeit. Auch die Bildung von Blutfarbstoff wird neben weiteren Funktionen durch Mangan positiv beeinflusst.

Natrium:

Der Mineralstoff bildet mit Chlor Kochsalz (Natriumchlorid). Da wir unsere Speisen in der Regel viel zu stark salzen, sind Mangelzustände selten. Sie treten höchstens bei häufigem Schwitzen auf und lassen sich durch Mineralgetränke verhindern. Die Kochsalzaufnahme in Deutschland liegt mit 6 bis 8 g nur geringfügig oberhalb der Empfehlungen der Deutschen Gesellschaft für Ernährung (DGE). Ein ideales Speisesalz ist mit Fluorid, Jod und Folsäure angereichert. Eine extrem salzreiche Ernährungsweise kann durchaus den Blutdruck erhöhen.

Phosphor:
Das Mengenelement ist neben Magnesium und Kalzium als dritter Mineralstoff für die Stabilität der Knochen verantwortlich.

Jod:
Jod wird in der Schilddrüse gespeichert. Bei Jodmangel kommt es zu Kropfbildung und Kretinismus. Besonders jodhaltig sind Seefische und Meerestiere. Da Deutschland ein Jodmangelgebiet ist, sollten jodiertes Speisesalz und damit hergestellte Lebensmittel bevorzugt gegessen werden.

Zink:
Zink ist ein wichtiger Aktivator vieler Enzyme, ist selbst Bestandteil einiger Enzyme und übernimmt wichtige Funktionen bei der Insulinspeicherung und der Stabilisierung des Immunsystems. Mangelerscheinungen wirken sich in Appetitlosigkeit, Wachstumsverzögerung, schlechter Wundheilung und Infektanfälligkeit aus. Zink ist für die Blutzuckerregulation von besonderer Wichtigkeit. Die meisten Zinkverbindungen werden vom menschlichen Organismus schlecht verwertet. Ideal ist es, Nahrungsergänzungsmittel einzunehmen, die die Verbindung Zink-Histidin enthalten.

Achten Sie darauf, dass Ihr Körper ausreichend mit Mineralstoffen versorgt wird!

Ballaststoffe

Der Begriff „Ballaststoffe" rührt daher, dass sogar Experten früher glaubten, dass diese Nahrungsinhaltsstoffe nur Ballast für den menschlichen Körper seien. Heute ist bewiesen, dass Ballaststoffe für eine gesunde Ernährungsweise unerlässlich sind. Ballaststoffe sind insbesondere Pflanzenfasern, für die der Verdauungtrakt des Menschen keine Enzyme hat. Ballaststoffe sind kalorienfrei. Die gesunderhaltende Funktion der Ballaststoffe besteht darin, dass sie im Magen-Darm-Trakt mit Wasser stark aufquellen und dadurch die Verweildauer des Nahrungsbreis verkürzen, das Sättigungsgefühl erhöhen und im Darm eine Vielzahl von Giften aufnehmen und deren Ausscheidung ermöglichen.

Früher nahmen die Menschen täglich bis zu 100 g Ballaststoffe zu sich, da sie sich weitgehend von Vollkornprodukten, Gemüse und Obst ernährten. Mit der Einführung des Auszugsmehls (beispielsweise Weizenmehl Type 405) ging der Ballaststoffgehalt unserer Nahrung ständig zurück. Die Folge waren Zivilisationskrankheiten wie Darmträgheit, Verstopfung, Darmkrebs, Übergewicht und Adipositas sowie Diabetes mellitus Typ 2. Zu einer vollwertigen Ernährungsweise gehören täglich mindestens 30-40 g Ballaststoffe.

Besonders ballaststoffreiche Nahrungsmittel:
(Ballaststoffanteil in g pro 100 g Nahrungsmittel)

Getreideprodukte		Obst / Trockenobst	
Haferflocken	7,0	Brombeeren	7,3
Roggenknäckebrot	11,7	Himbeeren	7,4
Vollkornmehl	9,6	Johannisbeeren	8,2
Weizenkleie	44,0	Oliven	4,4
		Quitten	6,4
Gemüse / Hülsenfrüchte		Aprikosen, getrocknet	24,8
Erbsen	5-8	Feigen, getrocknet	18,5
Meerrettich	8,3	Pflaumen, getrocknet	16,1
Petersilie	9,1	Erdnusskerne	8,1
Spinat	6,3		
Bohnenkerne, roh	25,0	Nüsse	
Bohnenkerne, gegart	7,4	Kokosnuss	13,6
		Mandeln	14,3

Flüssigkeit und Trinken

Unser Körper besteht hauptsächlich aus Wasser: Bei jungen Frauen liegt der Körperwassergehalt bei 50 Prozent, bei jungen Männern bei 60 Prozent und Leistungssportler erreichen sogar Werte bis zu 70 Prozent. Die Unterschiede ergeben sich vor allem aus dem Muskulaturanteil am Körpergewicht, der bei Frauen niedriger als bei Männern und bei (Hoch-)Leistungssportlern am höchsten ist. Muskeln sind relativ wasserreich. Daher nehmen Männer bei Muskelabbau auch rascher und mehr an Körpergewicht ab als Frauen.

Für Sportler ist besonders wichtig, dass Wasser die Körpertemperatur konstant (Überhitzungsschutz) und die Leistungsfähigkeit aufrechterhält. Denn wer trainiert, kommt ins Schwitzen. Durch Verdunstung des Schweißes wird 70 bis 80 Prozent der überschüssigen Wärme, die bei der Nährstoffverbrennung entsteht, an die Umgebung abgegeben. Weil der Organismus aber nur etwa ein Viertel der beim Sport verbrauchten Energie für Muskelarbeit nutzen kann, werden die restlichen drei Viertel als Wärme frei. Die durch Schweißverdunstung abgegebene Wärme verhindert, dass sich die Körper(kern)temperatur um mehr als 1 bis maximal 2 Grad Celsius erhöht.

Die Menge des Schweißverlustes nimmt dabei proportional zu Leistungsintensität, Umgebungstemperatur und Luftfeuchtigkeit zu und kann bei trainierten Sportlern zwei bis drei Liter pro Stunde betragen. Eine gute Orientierung bietet folgende Faustformel zum Ausgleich der Flüssigkeitsbilanz beim Sport, nach der Sportler täglich 40 bis 45 Milliliter pro Kilogramm Körpergewicht trinken sollten (etwa 2,2 bis 2,5 Liter für eine 55-Kilogramm-Athletin oder 3,2 bis 3,6 Liter für einen 80-Kilogramm-Athleten).

Wichtig ist dabei, dass Sie regelmäßig über den Tag verteilt trinken – möglichst vor Eintreten des Durstgefühls. Das Durstempfinden ist ein Warnsignal für einen bereits eingetretenen Wassermangel, zu dem es gar nicht erst kommen sollte.

Mit dem Schweiß verliert der Körper nicht nur Wasser, sondern auch die darin gelösten Mineralstoffe, allen voran Natrium mit 1,2 Gramm pro Liter Schweiß – gut zu erkennen an den weißen Salzrändern, die der getrocknete Schweiß in den Sporttextilien hinterlässt. Daneben enthält der Schweiß geringere Mengen an Kalium, Magnesium und Calcium sowie der Spurenelemente Eisen und Zink.

Das optimale Sportgetränk sollte Kohlenhydrate enthalten, welche die Ermüdung hinauszögern, sowie Natrium, um die großen Salzverluste im Schweiß zu ersetzen und die Wasseraufnahme aus dem Dünndarm zu beschleunigen. Sinnvoll ist auch der Zusatz von Kalium, Calcium und Magnesium.

Die Liste der empfehlenswerten Sportgetränke zum raschen Flüssigkeitsersatz wird angeführt von den im Handel erhältlichen Isogetränken. Sie eignen sich besonders für intensive Ausdauertrainings und Wettkämpfe von mehr als einer Stunde, beispielsweise Marathon und Triathlon.

Besonders viel Energie liefern Glukosepolymer-Lösungen, die Malzzucker (Maltodextrine) und Stärke als Kohlenhydratquelle enthalten. Sie dienen bei langandauernden Belastungen weniger als Flüssigkeitsersatz sondern primär der Leistungsstabilisierung sowie der Verlängerung der Belastungsdauer.
Eine preiswerte Alternative stellt die Apfelsaftschorle dar. Im Verhältnis 1 zu 1 mit einem natriumreichen, aber kohlensäurearmen Mineralwasser gemischt, enthält pro Liter rund 55 Gramm Kohlenhydrate. Eine Apfelsaftschorle ist daher zum Flüssigkeitsersatz beim Krafttraining sowie bei moderaten Ausdauerbelastungen bestens geeignet.

Doch auch pur getrunken ist kohlensäurearmes Mineralwasser mit mindestens 250 Milligramm Natrium pro Liter zum Flüssigkeitsersatz bei sportlichen Aktivitäten gut geeignet, die nicht deutlich über eine Stunde andauern.

Weitere empfehlenswerte Sportgetränke sind Früchte- und Kräutertee, alkoholfreies (Weiß-)Bier, Süßmolke sowie Tomatensaft. Cola, Limonade, Fruchtsäfte und Energydrinks sind hyperton und daher als Sportgetränke ungeeignet. Sie verstärken sogar das Durstempfinden, weil dem Körper vorübergehend Wasser entzogen und nicht zugeführt wird.

Sportler sind gut beraten, ihre sportliche Aktivität gut „bewässert" zu beginnen. Ein etwaiges Wasserdefizit zu Beginn ist ohne Beeinträchtigung der sportlichen Leistung nicht mehr auszugleichen.

Die Leistungsförderer – Kreatin, L-Carnitin & Co

Seit einigen Jahren wird in der Sportlerernährung dem Thema leistungsfördernde Substanzen, den sogenannten ergogenen Hilfen oder Wirkstoffen, vermehrt Beachtung geschenkt. Zweck dieser ergogenen Hilfen ist es, die oberste Grenze der körperlichen Leistung hinauszuschieben. Die nachfolgenden Substanzen stehen nicht auf der Dopingliste.

Kreatin

Kreatin hat einen ergogenen Effekt bei hochintensiven Belastungen. Mit Kreatin können Sie insbesondere bei sich wiederholenden explosiven Kurzzeitbelastungen hoher Intensität ihre sportliche Leistung verbessern. Hierunter fallen Sportarten und Trainingsformen wie Krafttraining (Bodybuilding, Powerlifting, Gewichtheben), Spielsportarten, (Bahn-)Radrennen, Sprints, Wurf- und Sprungdisziplinen der Leichtathletik und Intervall-Training beim Laufen und Schwimmen. Eine typische Kreatin-Einnahme bewirkt dabei eine deutliche Steigerung ihrer Maximalkraft, Muskelmasse, Sprintleistung sowie der Anzahl an Wiederholungen, die Sie bei maximaler Kontraktion pro Satz beim Krafttraining bewältigen können.

Als natürlicher Inhaltsstoff ist Kreatin nur in tierischen Lebensmitten in nennenswerten Mengen enthalten. Daher wird bei Mischkost zusätzlich 1 bis 2 Gramm Kreatin über die Nahrung aufgenommen. Da sich die Eigensynthese der Nahrungszufuhr anpasst, können auch Vegetarier ihren täglichen Bedarf von etwa 2 Gramm decken.

Schon 2 bis 5 Tage nach Beginn der Einnahme von Kreatin sollten Sie 1 bis 2 Kilogramm mehr Körpergewicht auf die Waage bringen. Dieser Massezuwachs ist vorwiegend durch Wassereinlagerung in die Muskelzellen bedingt. Die prall gefüllten Muskelzellen geben anschließend Anreize für echtes Muskelwachstum. Ganz entscheidend hierfür ist jedoch ein ausreichend intensives Training, Kreatin alleine bringt gar nichts.

Die einzige nachgewiesene Nebenwirkung ist die Gewichtszunahme, die allerdings in der Tat in einigen Lauf- und Schwimmdisziplinen (Langstrecken) der Leistung abträglich sein kann. In Einzelfällen kann es zu einer verstärkten Neigung zu Muskelkrämpfen kommen. Daher ist auf eine ausreichende Zufuhr an Magnesium und Flüssigkeit zu achten.

Es ist sinnvoll, während der Kreatin-Einnahme möglichst auf die reichliche Zufuhr coffeinhaltiger Getränke zu verzichten. Coffein verlängert die Erholungszeit des Muskels und eliminiert so den ergogenen Effekt des Kreatins. Als lohnender Anreiz für den Coffein-Verzicht kann Ihnen vielleicht die Aussicht dienen, dass Coffein nach einer Kreatin-Einnahme besonders leistungsfördernd wirkt.

Coffein

Coffein ist wahrscheinlich das weltweit am meisten verbreitete Stimulans und insbesondere in Kaffee, grünem und schwarzem Tee, Guarana, Cola-Getränken und Energy-Drinks enthalten.

Coffein ist ein milder psychoaktiver Wirkstoff, dessen volle Wirkung 30 bis 60 Minuten nach der Aufnahme eintritt und etwa drei bis vier Stunden anhält. Dosierungen von etwa 2 Milligramm pro Kilogramm Körpergewicht bewirken eine Steigerung der Aufmerksamkeit, Konzentration, Koordination und Reaktionsfähigkeit. Die Verbesserung der körperlichen Ausdauer-Leistungsfähigkeit tritt bereits nach Aufnahme bei einer Coffeinmenge von 2 bis 4 Milligramm pro Kilogramm Körpergewicht ein, was bei einem Körpergewicht von 75 Kilogramm einer Coffeinmenge von etwa 100 bis 300 Milligramm beziehungsweise 2 bis 3 Tassen Kaffee entspricht.

Coffein kurbelt den Fettstoffwechsel an, so dass wertvolles Muskelglykogen eingespart und die mögliche Belastungsdauer größer wird. Dieser Effekt kann durch so genanntes Nüchterntraining genutzt werden, bei dem man im nüchternen Zustand 30 Minuten nach der Aufnahme von etwa 200 Milligramm Kaffee das (Ausdauer-)Training beginnt. Doch auch bei weniger als 60 Minuten dauernden Aktivitäten, bei denen die Glykogenvorräte nicht leistungslimitierend sind, kann Coffein die Leistung fördern. Der Effekt ist beispielsweise beim 1500-m-Lauf oder 100-m-Schwimmen nutzbar.

Darüber hinaus können auch Kraftsportler von Coffein profitieren: Aktuelle Studien haben gezeigt, dass Coffein die willkürliche Kontraktionsfähigkeit des Muskels erhöht und die muskuläre Ermüdung hinauszögert. Seit 2004 steht Coffein nicht mehr auf der Dopingliste der World Anti-Doping Agency (WADA), weil der leistungsfördernde Effekt schon bei Mengen eintritt, die bei normalem Kaffee- oder Teekonsum aufgenommen werden.

Die Aufnahme von mehr als 700 Milligramm bewirkt häufig eine Coffein-Überdosierung, welche die Leistungsfähigkeit nachhaltig hemmt. Typische Symptome einer Überdosierung sind Herzrasen, Konzentrationsstörungen bis hin zu geistiger Verwirrung, Kopfschmerzen und Schwindelgefühle. Demzufolge reicht der empfohlene Dosierungsbereich von 200 bis 675 Milligramm, 2 bis 6 Tassen Kaffee. Nicht-Kaffeetrinker sollten sich erst vier bis sechs Wochen lang mit einer geringen Dosis von beispielsweise einer Tasse Kaffee an die Wirkung des Coffeins gewöhnen. An Coffein gewöhnte Personen brauchen sich übrigens keine Sorgen wegen ihres Flüssigkeitshaushalts zu machen: Bei ihnen setzt die milde harntreibende Wirkung des Coffeins erst ab der 5. Tasse Kaffee ein und wird bei sportlicher Aktivität sogar ganz unterdrückt.

L-Carnitin
L-Carnitin ist eine vitaminähnliche Substanz, die im Organismus in geringen Mengen von etwa 16 Milligramm aus den unentbehrlichen Aminosäuren Lysin und Methionin gebildet wird. Die seit längstem bekannte Funktion des L-Carnitins ist der Transport langkettiger Fettsäuren durch die innere Mitochondrienmembran zwecks Energiegewinnung aus Fett. Daher wird Carnitin seit vielen Jahren die Rolle eines „fat burners" zugeschrieben und als ergogene Hilfe angepriesen. Viele Ausdauersportler nutzen L-Carnitin in der Absicht, die Oxidation von Fett während der Aktivität zu erhöhen und damit Muskelglykogen einzusparen. Darüber hinaus hat die Aufnahme von L-Carnitin zahlreiche positive Auswirkungen auf die Ausdauerleistung und die Gesundheit.

Die Eigensynthese von L-Carnitin in Leber, Nieren und Gehirn verläuft langsam und kann Verluste oder einen erhöhten Bedarf nicht rasch ausgleichen. Zudem ist die körpereigene L-Carnitin-Produktion von einer ausreichenden Zufuhr der Vitamine C, Niacin, B_6, B_{12}, Folsäure sowie Eisen abhängig. Eine Unterversorgung an einem dieser Cofaktoren schränkt die körpereigene L-Carnitin-Produktion ein. Obwohl 98 Prozent des Körperbestandes, etwa 20 Gramm L-Carnitin, in der Muskulatur gespeichert ist, kann die Skelett- und Herzmuskulatur diese lebenswichtige Substanz nicht selbst bilden. Um den L-Carnitin-Pool aufrechtzuerhalten, muss dieser täglich mit der Nahrung ergänzt werden. Tierische Lebensmittel wie Lamm, Rind und Schwein enthalten die höchsten Mengen an L-Carnitin, während in pflanzlichen

Lebensmitteln nur wenig oder gar kein L-Carnitin zu finden ist. Mit einer typischen westlichen Mischkost werden 100 bis 300 Milligramm L-Carnitin aufgenommen.

Durch Ausdauertraining wird L-Carnitin einerseits verstärkt über den Urin ausgeschieden. Andererseits sind viele Sportler mit Vitamin C, B_6, Folsäure und Eisen unterversorgt, so dass die L-Carnitin-Synthese eingeschränkt ist. Durch eine regelmäßige L-Carnitin-Aufnahme kann die Verminderung des L-Carnitinspeichers bei Ausdauerläufern verhindert werden.

Weitergehende Information

Eine weitere Funktion des L-Carnitins ist die Aktivierung von Schlüsselenzymen im aeroben Energiestoffwechsel: Dadurch kann Glukose bei längeren Belastungen vollständig oxidiert werden, so dass der anaerobe Anteil der Energiegewinnung sinkt und es zu einer geringeren Laktatbildung kommt.

Schließlich kann L-Carnitin die Regenerationszeit nach sportlichen Anstrengungen deutlich verkürzen sowie Schäden am Muskelgewebe und damit verbundene Schmerzen, wie beispielsweise den „Muskelkater", deutlich abmildern. So werden sportliche Belastungen besser und länger verkraftet und die Motivation zu sportlichen Betätigungen erhöht.

Durch die beschleunigte Regeneration, den Schutz vor muskulären Verletzungen sowie die stimulierte Immunabwehr können Belastungen in kürzeren Abständen wiederholt werden, was langfristig leistungssteigernd ist.

Was darf ich wiegen – das richtige Körpergewicht?

Das Körpergewicht des Menschen lässt sich leicht anhand des sogenannten Body-Mass-Index (BMI, übersetzt Körper-Massen-Index) bewerten. Der BMI setzt die Körperoberfläche mit dem Körpergewicht ins Verhältnis und bezieht in die Bewertung auch das Alter mit ein. Die Formel für die BMI-Berechnung lautet:

Körpergewicht in Kilogramm

Körperlänge in Metern x Körperlänge in Metern

Der Body-Mass-Index macht genau wie das Körpergewicht selbst keine Aussage über die Körperzusammensetzung (Körperwasser, Körperfett und Muskelmasse). Ein erhöhtes Gewicht könnte ja – zumindest bei Fitnesssportlern – auch auf eine große Muskelmasse zurückzuführen sein. Bei den meisten Menschen, die einen erhöhten BMI aufweisen, ist das aber sicher nicht der Fall. Außerdem sind Muskeln schlank. Fettgewebe dagegen schwammig und voluminös.

Die in der Vergangenheit häufig angewandte Berechnung des Normalgewichts nach der Broca-Formel (Körpergröße in Zentimetern minus 100 = Normalgewicht) verwenden Ernährungsexperten heute nicht mehr. Ebenso ist auch der Begriff des Idealgewichts so nicht mehr gebräuchlich.

BMI-Bewertung
Ihr BMI   **Empfehlung**

unter 18,5	Untergewicht: Zunehmen!
18,5 bis 25	Normalgewicht (Ideal: Frauen 19-24, Männer 20-25); bleiben Sie so, wie Sie sind!
25 bis 30	Übergewicht; siehe Tabelle unten – gegebenenfalls müssen Sie abnehmen!
über 30	Deutliches Übergewicht (Adipositas); Sie müssen dringend abnehmen!

Alter	Idealer BMI
19 - 24 Jahre	19 – 24
25 – 34 Jahre	20 – 25
35 – 44 Jahre	21 – 26
45 – 54 Jahre	22 – 27
55 – 64 Jahre	23 – 28
> 64 Jahre	24 – 29

Energiebedarf

Die Energiezufuhr beim Menschen wird in Kilokalorien oder Kilojoule gemessen. Ernährungswissenschaftler teilen den Energiebedarf in Grund- und Arbeitsumsatz ein. Unter Grundumsatz ist die Energiemenge zu verstehen, die der Körper zur Aufrechterhaltung seiner Grundfunktionen (Atmung, Herztätigkeit, Gehirnfunktionen, Erhaltung der Körperwärme) benötigt. Zur Berechnung des Grundumsatzes dient folgende Formel:

Täglicher Grundumsatz in Kilokalorien: Körpergewicht in kg x 24

Der Gesamtenergiebedarf lässt sich anhand von Formeln ebenfalls grob einschätzen. Natürlich muss neben dem Grundumsatz auch die körperliche Aktivität im Alltag und Beruf sowie die sportliche Aktivität berücksichtigt werden. Grundsätzlich lässt sich der tägliche Energiebedarf aber wie folgt berechnen:

Täglicher Energiebedarf bei leichter körperlicher Tätigkeit: Körpergewicht in kg x 30
Täglicher Energiebedarf bei mittelschwerer körperlicher Tätigkeit und bei Hobbysportlern: Körpergewicht in kg x 35
Täglicher Energiebedarf bei schwerer körperlicher Tätigkeit und bei Leistungssportlern: Körpergewicht in kg x 40

Diese Formel liefert nur Annäherungswerte, denn der Grundumsatz ist von verschiedenen Faktoren wie beispielsweise Geschlecht, Alter, Muskelmasse, Körper- und Außentemperatur abhängig. Eine Frau hat beispielsweise einen rund 10 Prozent niedrigeren Grundumsatz, da sie im Vergleich zum Mann weniger Muskelmasse aufweist. Frauen haben im Vergleich zum Mann oftmals einen höheren Körperfettanteil. Fett jedoch reduziert die Abstrahlung der Körperwärme, und das reduziert wiederum den Energiebedarf. Der erhöhte Muskelmasseanteil bei Männern ist auch der Grund, warum Männer rascher und deutlicher abnehmen als Frauen. Bei der Gewichtsreduktion wird grundsätzlich auch Muskelmasse abgebaut, und diese ist reich an Wasser. Der zweite Grund, warum Männer durch die Waage angezeigt mehr Gewicht verlieren, ist, dass ihr Energiebedarf durch den höheren Muskelanteil höher ist als der von Frauen.

Sportliche, alltags- und berufsbedingte körperliche Aktivitäten steigern den Energieumsatz. Die nachfolgende Tabelle gibt Aufschluss über die Energieumsätze pro Stunde bei bestimmten Aktivitäten.

Kalorienverbrauch pro Stunde

Schlafen	0	kcal
Liegen	20	kcal
Sitzen	20-50	kcal
Stehen	50-80	kcal
Büroarbeit	90-100	kcal
Schwere körperliche Arbeit	150-250	kcal
Spazierengehen	150-250	kcal
Jogging	500	kcal
Walking	257	kcal
Gymnastik	250-350	kcal
Schwimmen	550	kcal
Tennis	400	kcal
Radfahren, langsames Tempo	200	kcal
Radfahren, flottes Tempo	450	kcal
Tanzen	350	kcal

Um Ihren aktuellen Tages-Energieumsatz zu ermitteln, müssen Sie die entsprechenden Energieumsätze und Ihren individuellen Grundumsatz addieren.

Zunehmen oder Abnehmen

Auch wenn in Deutschland mehr als die Hälfte der Einwohner übergewichtig sind, gibt es auch Menschen, die zunehmen möchten. In der Regel möchten diese Personen allerdings nicht in erster Linie Fettgewebe, sondern Muskulatur aufbauen. Wenn Sie zunehmen oder abnehmen wollen, müssen Sie zunächst Ihren Kalorienbedarf richtig einzuschätzen lernen. Den exakten Kalorienbedarf kann Ihnen kein Arzt und kein Computer nennen – den müssen Sie im Laufe der Zeit selbst herausfinden, indem Sie Ihr Gewicht über einen längeren Zeitraum notieren und die eingenommenen Speisen auf Ihren Kaloriengehalt hin analysieren. Dafür sollten Sie ein Ernährungstagebuch führen und sich eine Kalorientabelle anschaffen.

Wenn Sie Ihrem Körper mehr Kalorien zuführen, als er verbraucht, nehmen Sie zu – wenn Sie ihm dagegen weniger Kalorien zuführen, als er benötigt, nehmen Sie zwangsläufig ab.

Eine Umfrage der Deutschen Gesellschaft für Ernährung (DGE) mit der Fragestellung **„Wie möchte ich aussehen"** ergab:

„mager"	18%
„schlank"	66%
„normal"	15%
„vollschlank"	0,6%
„dick"	0,4%

Gezielt abnehmen

In Deutschland nimmt die Zahl der Übergewichtigen und Adipösen immer weiter zu. Das ist insbesondere auf den Bewegungsmangel und die allgemeine Fehlernährung zurückzuführen. Statistiken ergeben, dass Männer in Deutschland häufiger übergewichtig sind als Frauen. Diese Situation hat viel mit dem Schönheitsideal zu tun und dass Frauen scheinbar mehr auf ihren Körper sowie die Gesundheit achten. Während früher Übergewicht insbesondere ein Problem der Erwachsenen war, entwickelt es sich heute oft sogar schon bei Kleinkindern und immer häufiger bei Jugendlichen. Inzwischen ist jedes vierte eingeschulte Kind übergewichtig.

Wer abnehmen will, muss dem Körper weniger Kalorien zuführen, als er im Laufe des Tages benötigt. Der Körper muss dann auf die Energie in seinen Fettdepots zurückgreifen, um den Kalorienmangel auszugleichen. Ein Pfund Körperfett enthält rund 3.500 Kalorien. Wer täglich nur 500 Kalorien weniger aufnimmt, als er verbraucht, baut demzufolge innerhalb von einer Woche ein Pfund Fettgewebe ab.

Auf diese Weise können Sie in einem Monat 2 kg und innerhalb eines halben Jahres 12 kg Fettmasse abbauen, ohne ihrem Organismus zu schaden. Wichtig ist in jedem Fall eine ausgewogene, kalorienreduzierte Ernährungsweise, die 50 Prozent Kohlenhydrate, 20 Prozent Proteinen und 30 Prozent Fett. Aus ernährungswissenschaftlicher Sicht sind die meisten sogenannten Schlankheitsmittel nicht effektiv. Im Gegensatz dazu stellen Produkte zum proteinmodifizierten Fasten eine gute Möglichkeit dar, insbesondere in der Anfangsphase einer Gewichtsreduktion optimale Ergebnisse zu erzielen. Fragen Sie auch in Ihrem Fitness-Center nach solchen Produkten.

Ein Beispiel für gezielte Gewichtsreduktion:
Angenommen, Ihr täglicher Kalorienbedarf beträgt 2300 Kalorien und Sie wollen pro Woche 1 Pfund abnehmen. In diesem Fall müssen Sie täglich 500 Kalorien einsparen und dürfen somit nur 1800 Kalorien zu sich nehmen. Mit Hilfe von Kalorientabellen lassen sich die Energiegehalte der Lebensmittel leicht ermitteln.

Graphik: **Wie lange Menschen laufen müssen, um Kalorien abzubauen.**	
Cola	20 Minuten
Torte	60 Minuten
Cognac	7 Minuten

Beim Joggen werden rund 500 Kalorien pro Stunde verbraucht. Um also den Energiegehalt eines Stücks Nusstorte zu verbrauchen, ist es erforderlich, eine ganze Stunde zu laufen. Für eine Flasche Cola sind immerhin 20 Minuten und für ein Gläschen Cognac etwa 10 Minuten notwendig. Grundsätzlich ist ein Gewichtsreduktionsprogramm erfolgreich, wenn es gleichzeitig auf eine Ernährungsumstellung und eine Muskelaktivierung setzt. Selbstverständlich ist Sport nicht nur dafür notwendig, direkt Energie zu verbrennen, sondern er stärkt dauerhaft die Muskulatur. Sport wirkt also doppelt!

Gezielt zunehmen
Laut statistischem Bundesamt, Wiesbaden, sind in Deutschland 1,64 Millionen Menschen viel zu dünn. Viele davon möchten zunehmen. Andere Menschen möchten Fettgewebe ab- und Muskelmasse aufbauen. Wer zunehmen will, könnte auf den Gedanken kommen, seine tägliche Kalorienzufuhr zu erhöhen, ohne auf die

Zusammensetzung der Nahrung zu achten. Wer beispielsweise täglich 500 Kalorien mehr aufnimmt, als er verbraucht, nimmt deshalb innerhalb einer Woche circa ein Pfund zu. Doch bei dieser Gewichtszunahme handelt es sich um Fett, eine für jeden auf Muskelzuwachs bedachten Fitnesssportler unerwünschte Substanz.

Mit einer Steigerung der Kalorienaufnahme ist es also nicht getan. Wer Muskelsubstanz aufbauen will, muss erstens seine Muskulatur durch intensives Fitnesstraining zum Wachsen aktiv anregen. Zweitens muss er mit der Nahrung alle für das Muskelwachstum erforderlichen Nähr- und Wirkstoffe aufnehmen.

Der tägliche Eiweißbedarf eines auf besonders ausgeprägten Muskelaufbau bedachten Bodybuilders wird in der Regel mit 1,5 bis 2 g pro kg Körpergewicht angegeben. Entsprechend der individuellen Konstitution kann in Ausnahmefällen sogar eine noch höhere Eiweißmenge benötigt werden. Vermutlich genügen jedoch 2 g Protein pro kg Körpergewicht, so dass ein 80 kg schwerer Bodybuilder während der Aufbauphase täglich 160 g Eiweiß zu sich nehmen sollte. Ähnliches gilt selbstverständlich für alle Leistungssportler aus Maximal- und Schnellkraftdisziplinen wie Gewichtheben, Powerlifting, Kugelstoßen, Hammer- sowie Diskus- und Speerwurf. Es ist sinnvoll, die Proteinzufuhr auf mehrere kleinere Mahlzeiten mit jeweils rund 30 g Eiweißgehalt zu verteilen. So versorgen Sie Ihren Organismus über den ganzen Tag optimal mit Protein, und der Muskelaufbau kann bestens erfolgen.

Natürlich ist eine sehr gute Proteinversorgung vor allem für Kraftsportler mit entsprechend hohem Bedarf eine Frage des Geldes. Gerade Lebensmittel mit hohem Eiweißgehalt – beispielsweise hochwertige Rindersteaks, Seefisch und Geflügel – sind relativ teuer. Außerdem hat man nicht immer die Zeit für die Zubereitung einer proteinreichen Mahlzeit. Da aber der exzessive Verzehr von cholesterin- und purinhaltigem Fleisch die Entstehung von ernährungs(mit)bedingten Krankheiten fördert, kann es sinnvoll sein, auf proteinreiche Nahrungsergänzungsmittel zurückzugreifen.

Solche Nahrungsergänzungsmittel haben einen Proteingehalt von bis zu 90 Prozent, enthalten die unentbehrlichen Aminosäuren in optimaler Mischung, schmecken hervorragend und sind außerdem praktisch cholesterin-, purin- und fettfrei. Zudem ist ein Proteingetränk preiswerter als eine Mahlzeit mit vergleichbarem Eiweißgehalt. Proteinkonzentrate eignen sich also hervorragend zur Sicherstellung der Eiweißversorgung. Wie bereits erwähnt, dürfen Sie sich keinesfalls ausschließlich von Konzentraten ernähren. Ein weiterer Vorteil der Proteinkonzentrate besteht darin, dass sie in der Regel Vitamine und Mineralstoffe enthalten, die der Körper während der Muskelaufbauphase besonders benötigt.

Bei aller Bedeutung des Proteins für den Muskelaufbau, sind Kohlenhydrate nach wie vor die wichtigste Energiequelle für den menschlichen Körper. Wer an Kohlenhydraten spart, läuft Gefahr, dass der Organismus seinen Energiebedarf aus dem Nahrungs- und schlimmstenfalls aus dem Muskeleiweiß deckt! Die tägliche Kalorienzufuhr sollte sich während des Aufbaus folgendermaßen zusammensetzen:

Eiweiß   **20 Prozent**
Fett   **25 Prozent**
Kohlenhydrate   **55 Prozent**

Kalorientabelle

(kcal je 100 g essbarer Anteil)

Milch / Käse / Ei		**Wurst**	
H-Milch, 1,5% Fett	45	Geflügelwurst, mager	110
Trinkmilch, 3,5% Fett	64	Leberwurst	424
Joghurt m. Früchten,		Salami	530
gezuckert	80-105	Wiener Würstchen	240
Schlagsahne	320		
Magerquark	75	**Fisch**	
		Aal	295
Emmentaler, 45% Fett	410	Forelle	103
Brie, 50% Fett	360	Hering	215
Camembert, 60% Fett	380	Lachs, geräuchert	190
Edamer, 40% Fett	340	Schellfisch	75
		Scholle	80
Hühnerei	160	Seezunge	86
Eigelb	360	Thunfisch in Öl	280
		Zander	90
Geflügel / Fleisch		Krabben / Hummer	82
Ente	230		
Huhn, gebraten	140	**Fette / Öle**	
Hühnerbrust	105	Butter	755
Kalbfleisch, Filet und Keule	100	Margarine	735
Rinderfilet	120	Mayonnaise, 80%	740
Rinderkeule	175	Olivenöl / Sonnenblumenöl	900
Schweinekeule	320		
Schweinekotelett	346		
Schweineschnitzel	160		
Schweineschinken, gekocht	270		
Schweinespeck	635		

Kalorientabelle
(kcal je 100 g essbarer Anteil)

Getreide / Backwaren		**Gemüse**	
Weizenmehl	358	Blumenkohl	27
Weizenbrot	245	Bohnen, grün	32
Roggenbrot	230	Bohnen, weiß	350
Brötchen	280	Erbsen	72
Reis, poliert	330	Feldsalat	16
Butterkeks	450	Gurken, roh	12
Obstkuchen	160	Kartoffeln, gekocht	80
Sahnetorte	350	Pommes Frites	260
Nussgebäck	550	Kartoffelchips	580
Müsli	370	Möhren, roh	38
		Paprika, roh	26
Nüsse		Radieschen	20
Erdnüsse, natur	330	Spargel, roh	24
Erdnüsse, geröstet	630	Spinat, gekocht	25
Mandeln	645	Tomaten, roh	20
Walnüsse	700		
		Süßwaren / Eis	
Obst		Honig	315

Apfel, roh	55	Marmelade	300
Apfelmus, ohne Zucker	70	Marzipan	440
Apfelsine	52	Nougat	540
Banane	96	Vollmilch-Schokolade	530
Birne	60	Bonbons	400
Erdbeeren	38	Pralinen	550
Grapefruit	44	Zucker	396
Himbeeren, roh	43	Schokoladenpudding	330
Himbeerkonfitüre	280	Eiskreme	140-210
Kirschen	58		
Pflaumen	60		
Trauben	73		

Kalorientabelle
(kcal je 100 g essbarer Anteil)
Getränke

Altbier	42	Likör, 30%	170
Export Bier	48	Branntwein, 45%	250
Apfelsaft	55	Limonade	48
Wein	85	Mineralwasser	0
Sekt	85		
Cola	45		

Diese Kalorientabelle berücksichtigt nur einige der wichtigsten Nahrungs- und Genussmittel. Wenn Sie ganz gezielt abnehmen wollen, besorgen Sie sich eine Kalorientabelle, in der möglichst alle Lebensmittel verzeichnet sind.

Wenn Sie Ihre Essgewohnheiten umstellen und kalorienärmere Lebensmittel bevorzugen, haben Sie Ihre Figurprobleme rasch im Griff. Deshalb muss man nicht hungern. Ganz im Gegenteil: Von manchen Nahrungsmitteln, beispielsweise Obst und Gemüse, können Sie fast so viel essen, wie Sie wollen!

Im „Kochbuch für Fitness-Sportler und Bodybuilder" Horn-Verlag, finden Sie viele leckere Gerichte, die sättigen, eiweißreich sind, den Körper mit Vitaminen, Mineralstoffen und Ballaststoffen versorgen und trotzdem nicht dick machen.

Zehn wichtige Ernährungsregeln

1. Achten Sie auf ausgewogene Ernährungsweise.
2. Bevorzugen Sie komplexe Kohlenhydrate, enthalten beispielsweise in Vollkornprodukten, Gemüse, Frischobst, Pellkartoffeln und Hülsenfrüchten.
3. Versorgen Sie Ihren Körper mit allen unentbehrlichen Aminosäuren. Verwenden Sie gegebenenfalls hochwertige Nahrungsergänzungsmittel, um Ihren Bedarf zu decken.
4. Achten Sie auf die „versteckten" Fette in Fertiggerichten, Fast Food, Wurst, Käse und Süßigkeiten. Verwenden Sie hochwertige Öle und Fette.
5. Achten Sie auf die ausreichende Versorgung Ihres Körpers mit Vitaminen und Mineralstoffen. Diese sind in einer ausgewogenen Ernährungsweise mit reichlich Gemüse, Frischobst und Vollkornprodukten, aber auch fettarmen tierischen Produkten ausreichend enthalten.

6. Ballaststoffe sind wichtig für die Verdauung. Sie entgiften den Körper und sorgen für einen regelmäßigen Stuhlgang.
7. Ermitteln Sie Ihren Kalorienbedarf und stellen Sie Ihre Mahlzeiten mit Hilfe einer Kalorientabelle dementsprechend zusammen.
8. Nehmen Sie statt drei belastender Mahlzeiten im Laufe des Tages besser mehrere kleinere Mahlzeiten zu sich. So stellen Sie eine optimale Versorgung des Körpers sicher.
9. Bereiten Sie Ihre Mahlzeiten schonend zu, so dass die Mikronährstoffe erhalten bleiben.
10. Greifen Sie für Muskelaufbau oder Gewichtsreduktion ergänzend auf Nahrungsergänzungsmittel zurück.

Was Sie bevorzugt essen und trinken sollten:
- Mageres Fleisch ohne sichtbares Fett, beispielsweise Filet oder Steak von Rind oder Schwein
- Magere Wurstsorten, beispielsweise Geflügelwurst, Corned Beef oder roher Schinken
- Fettarme Fischsorten, wie Seelachs, Kabeljau, Scholle, Forelle oder Seezunge
- Fette Fischarten, beispielsweise Lachs, Hering und Makrele
- Meerestiere: Krabben, Hummer, Langusten oder Shrimps
- Mageres Geflügel: Hühner- oder Putenbrust beziehungsweise -schenkel
- Fettreduzierte Milch (0,1 bis 1,8 Prozent Fett), Magerjoghurt, Magerquark, Buttermilch, Hüttenkäse oder Harzer Käse
- Vollkornbrot, Vollkornreis, sonstige Vollkorn- und Sojaprodukte
- Pellkartoffeln
- Salate und Gemüse jeder Art
- Frischobst
- Hochwertige Öle und Fette (aber nicht zu viel: Menge beachten)
- Fruchtsäfte, Mineral- oder Leitungswasser, Tees

Was Sie weniger häufig und geringer Menge essen sollten:
- Fettes Fleisch und Geflügel (Gans, Ente)
- Innereien
- Frittierte Gerichte
- Haushaltszucker in größeren Mengen und alle zuckerreichen Lebensmittel, beispielsweise Kuchen, Gebäck, Süßigkeiten, Eis, Pudding, Fertig-Desserts
- „Helles" Mehl und alle Produkte, die damit hergestellt sind
- Vollmilch und fettreiche Milchprodukte
- Käse mit höherem Fettgehalt als 45 Prozent F. i. Tr.
- Gehärtete Fette und minderwertige Öle
- Alkoholika
- Gesüßte Softdrinks wie Limonade, Cola oder Eistee

Rat und Hilfe

Viele Informationen über Übergewicht und eine gesunde Ernährungsweise führen eher in die Irre, als dass sie helfen. Das Abnehmen und das Hinwenden zu einer gesunden Ernährungsweise können heute durch Internet, Bücher und auch den PC kompetent erleichtert werden. Fragen Sie aber auch in Ihrem Fitnesscenter nach weiteren Angeboten.

Abnehmen mit dem Computer
Wer beim Abnehmen oder einer ausgewogenen Ernährungsweise nicht auf eine klassische Kalorientabelle zurückgreifen möchte, dem sei das Computer Programm EBIS empfohlen. Für nur 9,00 Euro kann unter http://www.conpay.de/register.asp?fID=63 dieses Programm heruntergeladen werden. Ideal ist auch der Kalorien-Taschenrechner Mealus, der unter www.mealus.de bestellt werden kann.

Internettipps:
www.dkgd.de – Deutsches Kompetenzzentrum Gesundheitsförderung und Diätetik
www.dge.de – Deutsche Gesellschaft für Ernährung (DGE)
www.aid.de – aid infodienst Verbraucherschutz, Ernährung, Landwirtschaft e.V.
www.abnehmen-ernaehrung-vitamine.de – Informationsportal
www.medizin.de – Medizinportal
www.vitalstoffakademie.de – Kostenlose Beratung über Vitalstoffe
www.deutsche-adipositas-gesellschaft.de – Ärztliche Fachgesellschaft
www.nutrimedic.de – Ernährungsportal
www.slimcoach.de – Programm zur Gewichtsreduktion

Buchtipps:
Kalorien-Ampel, Knaur Verlag, Sven-David Müller-Nothmann, ISBN 3426643162, 8,90 Euro
Moderne Ernährungsmärchen, Schlütersche Verlagsanstalt, Sven-David Müller-Nothmann, Prof. Dr. Michael Vogt und Doreen Nothmann, ISBN 3899935241, 12,90 Euro
Die dicksten Diätlügen, Schlütersche Verlagsanstalt, Doreen Nothmann und Sven-David Müller-Nothmann, ISBN 3899935330, 12,90 Euro
Das Kalorien-Nährwert-Lexikon, Schlütersche Verlagsanstalt, Katrin Raschke und Sven-David Müller-Nothmann, ISBN 3899935098, 12,90 Euro

Impressum

Redaktionsleitung: Sven-David Müller (Haddamshäuser Weg 4a, 35096 Weimar an der Lahn, www.svendavidmueller.de) unter Mitarbeit von Dipl. oec. troph. Thomas Reiche
Diätetische Beratung: Christiane Weißenberger, Diätassistentin, Diabetesassistentin
Ernährungswissenschaftliche Beratung: Dipl. oec. troph. Carolin Böker
Medizinische Beratung: Dr. med. Sandra Rossmanith